남극10차, 북극 13차 탐방한 김완수의 「지구환경위기 사진 & 영상 스토리」

세계 최초 하늘과 땅, 바다에서 바라본
지구온난화
환경 영상포토북

펭귄나라

contents _목차

남극편
1. 남극 10차 탐방스토리 — 6
2. 하늘에서 본 남극온난화 — 10
3. 땅에서 본 남극온난화 — 28
4. 바다에서 본 남극온난화 — 48
5. 남극의 펭귄과 동물 & 사람들 — 66

북극편
1. 북극 13차 탐방 스토리 — 86
2. 하늘에서 본 북극온난화 — 88
3. 땅에서 본 북극온난화 — 104
4. 바다에서 본 북극온난화 — 128
5. 북극의 북극곰과 동물 & 사람들 — 148

아프리카 킬리만자로편
1. 평지에서 본 킬리만자로 빙하 — 156
2. 정상(5895M)에서 본 킬리만자로 빙하 — 160

남미 파타고니아편
1. 아르헨티나 모레노 빙하 — 166
2. 칠레 빙하 — 172

태평양 가라앉는 섬 투발루편
하늘과 땅. 바다에서 바라본 투발루 — 178

한국 제주편
용머리해안 — 188

GLOBAL WARMING
ENVIRONMENT VIDEO PHOTO BOOK
지구온난화 환경 영상포토북

2022년 6월5일(세계환경의날) 초판1쇄

사진 · 글 · 영상 김완수
펴낸이 최선화　　**디자인** 이인영
펴낸곳 도서출판 펭귄나라(PENGUIN WORLD)
출판등록 2016년 8월 1일 제2016-000006호
주소 전라북도 익산시 왕궁면 쌍제1길 62
Phone 063-854-3360(+0082-63-854-3360)
Fax 063-291-7011(+0082-63-291-7011)
Mobile 010-3672-7255(+0082-10-3672-7255)
E-mail penguinsworld@naver.com

값 : 45,000원　price 35us$

이 책의 저작권은 펭귄나라.Co에 있습니다. 저작권법에 의해 보호받는 저작물이므로 무단전재와 무단복제를 금합니다.
Copyright 2022 by penguinworld Co. All rights reserved. No part of this publiccation may be reproduced without the prior written permission of the publisher.

열(熱)받은 지구!

인간들의 탐욕으로 지구는 열(熱)받고 열(熱)받은 지구는 우리에게 화를 내고 있습니다.
태풍으로, 홍수로, 이상고온, 저온 등의 변화무쌍한 기후변화로 말입니다.
그「지구온난화」의 현장인 남극과 북극, 킬리만자로, 파타고니아, 투발루,
한국의 제주도 용머리 해안으로 달려가 봅니다.
2010년부터 2019년까지 10여년 동안에 하늘과 땅, 바다에서 바라본 남극과 북극의
온난화 현장, 아프리카 최고봉인 적도 부근에 있는 킬리만자로 정상의 빙하, 남극과
가까운 남미의 파타고니아의 아르헨티나, 칠레의 빙하, 바닷물 수위 상승으로 인한
태평양의 가라앉는 섬, 투발루 현장, 그리고 한국 제주도의 용머리 해안을 바라보면서
「지구온난화」로 인한「지구환경위기」를 생각합니다.

지구온난화 현장에서 비행기와 배를 타는 악조건 상황에서, 생생하게 동영상 70여개,
사진 200여장을 직접 촬영하고 느낀「사진과 영상과 스토리」가「지구환경보호」를 위하여
조금이나마 경각심을 심어 주었으면 합니다.
그「지구온난화」현장에서 살고 있는 남극의 펭귄과 북극의 북극곰을 통하여 생명체의
소중함과「하나뿐인 지구사랑」을 하였으면 합니다.

남극편

1. 남극 10차 탐방 스토리

《지구상의 마지막 여행지 남극

남극은 1420만 ㎢의 남극대륙과 주변섬으로 이뤄져 있다.

남극 탐방루트는 칠레와 아르헨티나, 뉴질랜드와 호주, 아프리카의 남아공 등 5개국에서 출발하는데 5개국에서 남극 10차 탐방이 이루어졌다.

남극에는 빙산과 빙하, 그리고 펭귄 등 생명체가 살고 있다.

그 남극에 지구온난화로 인하여 빙산, 빙하가 녹고 비가 내리고 있으며 바닷물의 수위 상승과 생명체에 심각한 우려가 있다.

남극 10차 탐방을 통하여 70여곳의 남극 주요 장소를 하늘과 땅, 바다를 통하여 민간인으로서 갈수 있는 곳은 모두 탐방하였다.

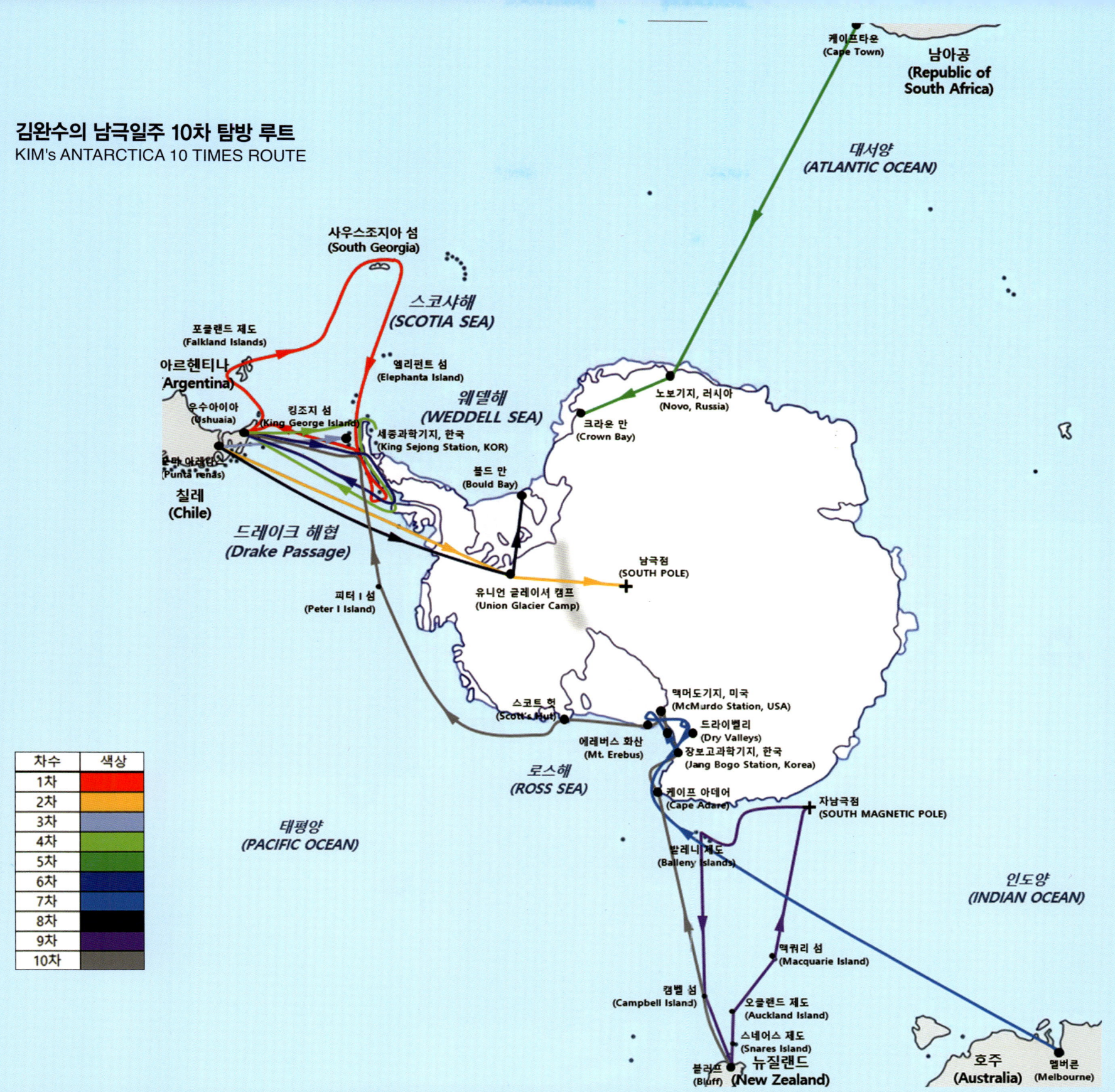

남극점

남극점은 남위 90°에 있으며 미국의 아문센-스콧기지가 있어서 미국국기가 펄럭이고 있다. 남극점 표시판에는 남극점 탐험한 노르웨이의 아문센과 영국의 스콧이야기가 있다. 약 3000여 m의 빙산 위에 남극점이 있어서 해마다 약 10여 m씩 이동하고 있다. 남극점 탐방 시(12월)의 현지온도는 영하 28℃였다.

자남극점

자남극점은 지구가 23.5° 기울면서 회전하기 때문에 위치가 계속 변하고 있으며, 현재는 남위 64°25 동경 136°3의 동남극 해상에 있다. 그곳은 남극의 메르츠 빙하(Mertz Glacier)와 프랑스 뒤몽(Dumont)기지 앞바다이다. 함께 탐방했던 사람들의 국가 깃발이 있다.

자남극점탐방 *South Magnetic Pole*

남극점 인터뷰 영상

남극점 *Geographic South Pole*

남극편

2. 하늘에서 본 남극온난화

남극 로스해
얼음바다 영상

로스해의 넓은 빙원에서 분리되고 있는 얼음조각들

드라이밸리 인근의 남극얼음바다와 남극유람선

드라이밸리 인근의 남극 얼음바다
남극 로스해(Ross Sea)의 얼음바다가
쪼개져 모자이크 바다를 만든다.

2. 하늘에서 본 남극온난화

남극의 드라이밸리 입구

남극드라이밸리에 있는 빙하위에 또다른 빙하가있다.
드라이밸리(Dry Valley) 계곡에 있는 빙하모습이다. 빙하 호수 등 물이 없는 곳이다.

남극 드라이밸리에 있는 빙하

드라이밸리빙하 영상

남극드라이밸리 인근의 빙하계곡

로스해 인근의 물결처럼 흘러내리는 빙하

드라이밸리 인근의남극의
산맥과 빙하

로스해의 분리되는 빙원

2. 하늘에서 본 남극온난화

로스해의 넓은 빙원에서 분리되는 얼음조각들

로스해의 넓은 빙원에서 분리되는 얼음조각들
남극빙하에서 떨어져 나온 넓은 빙원에서 지구온난화로 인해 얼음조각들이 떨어져 나와 바다 위를 수놓고 있다.

로스해의 넓은 빙원에서 분리되는 얼음조각들

로스해 빙원 영상　로스해 인근의 남극대륙에서 분리되는 빙하와 얼음조각들

2. 하늘에서 본 남극온난화

남극 르마이어해협 인근에 있는 칠레와 아르헨티나 기지. 빙하 끄트머리의 바위섬 위에 있는 남극 과학기지이다.

미국맥머드기지 앞의 얼음바다와 정박해있는 유람선

남극의 빙벽과 빙하 영상

르마이어해협 인근에있는 칠레와 아르헨티나 기지

2. 하늘에서 본 남극온난화

남극로스해의 ET형태의 얼음 조각들

남극로스해의 붓글씨로
휘갈린 얼음 조각들

남극로스해의 두발달린 괴물의 얼음 조각들.
수많은 얼음 조각이 모여서 로스해 바다를
수 놓는다. 자연이 만든 예술 작품이다.

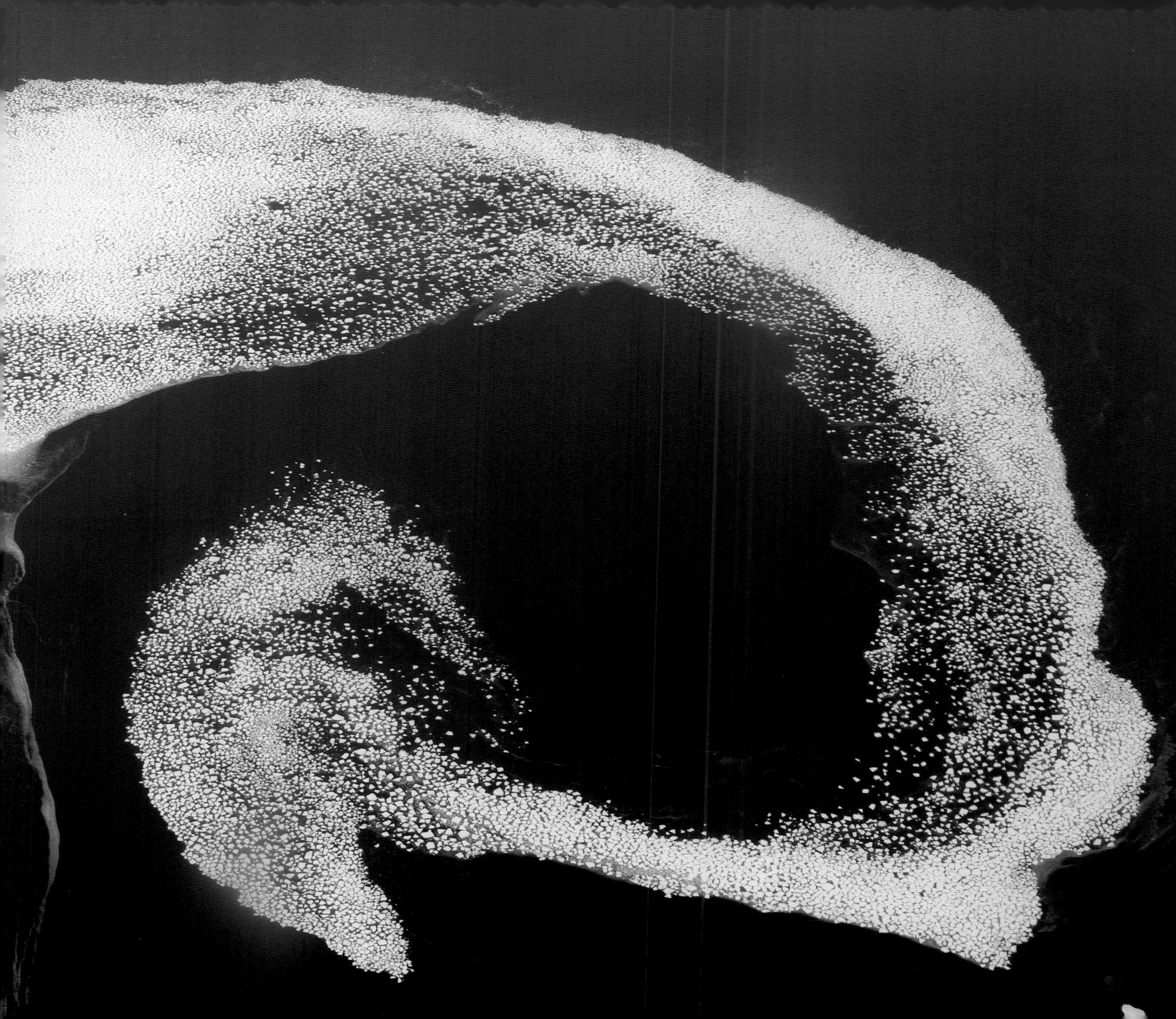

2. 하늘에서 본 남극온난화

남극 에레버스 화산 영상

남극에서 가장 큰 활화산인 에레버스 화산(3794m)
로스해(Ross Sea)의 로스섬에 있는 남극에서 가장 큰 활화산인 에레버스(Mount Erebus)화산은 지금도 분화구에서 연기가 분출하고 있다. 2007년도에 화산폭발이 있었으며 특이한 아이스타워(Ice Tower)가 있으며 뜨거운 화산용암과 차가운 얼음이 만나 독특한 얼음탑이 만들어졌다고 한다. 에레버스산 건너편으로 로스해의 얼음바다가 보인다.

2. 하늘에서 본 남극온난화

동남극(East Antaretica)의 러시아노보(Novo)기지 인근에 있는 녹고있는호수
남극대륙의 산(Mountain)과 계곡에 쌓여있는 눈이 녹아서 호수를 만든다.

녹고있는 호수 영상

2. 하늘에서 본 남극온난화

멕머드 드라이밸리(McMud Dry Valleys)

남극에도 사막이 있다.

연간 강우량은 100m/m 정도로서 눈으로 내리는데 강풍에 휩쓸려 땅에 거의 쌓이지 않는다.

따라서 눈이 덮이지 않고 대지가 그대로 노출되어있으며 이곳에는 수백년된 물개가 미라처럼 남아있다.

화성과 비슷한 지형이어서 화성 탐사를 위해 연습했던 곳이다.

드라이밸리 영상

남극의 드라이밸리(Dry Valley)

2. 하늘에서 본 남극온난화

동남극 베이스캠프와
빙하호수 영상

동남극 남극대륙의 러시아노보기지 인근에 있는 빙하와 얼음호수와 여행자베이스캠프

미국 맥머드 기지 영상

녹고있는 남극 최대의 미국 맥머드기지-우뚝솟은 Observation Hill과 녹고있는 얼음바다가 보인다.
세계 최대 남극기지인 미국의 맥머도 기지(McMurdo Station)는 남극점 탐험 경쟁을 벌였던 영국 스콧 탐험대의
캠프가 있었던 곳이다. 이곳에서는 지질학, 생물학, 물리학, 의학 등의 연구가 진행 중이다.

남극편

3. 땅에서 본 남극온난화

빙하 고드름 동굴 영상

《빙하 속 고드름

빙하 속의 고드름 폭포 같다. 지구온난화로 인한 남극대륙의 3-4m의 고드름.

아침 일찍에 들어갈 수 있다.

오후에는 녹아 위험할 수 있으니….

고드름 바깥 세상을 바라보는 사람들….

무슨 생각을 하고 있을까….

러시아노보(Novo)기지 인근의 빙하고드름속에서

3. 땅에서 본 남극온난화

러시아노보기지 인근의 빙하와 고드름

러시아노보기지 주변의 녹고있는 호수

러시아노보기지 해변의 고드름동굴

러시아노보기지 해변의 아치터널

러시아노보기지 해변의 얼음동굴(Ice Cave)

3. 땅에서 본 남극온난화

러시아노보기지 인근의 얼음물결의 동남극바다
동남극에 있는 남극대륙의 해안선이다. 바람과 물결과 눈과
얼음으로 만들어진 얼음물결의 남극얼음 바다 해안선이다.

3. 땅에서 본 남극온난화

러시아노보기지에 있는
여행자베이스캠프주변의 빙하호수

해빙된 호수에서
짚라인 타는 영상

러시아노보기지 인근의 여행자 베이스캠프주변 해빙된 호수에서 짚와이어

남극대륙의 해빙된
도로를 달리는 차
영상

러시아노보기지 주변의 질퍽한 도로
남극대륙의 기지주변의 차도이다. 이곳저곳에 눈이 녹아 질퍽한 도로가
형성되었고 도로에 물이 넘쳐나 차량주행에도 어려움이 있다.

3. 땅에서 본 남극온난화

남극점 탐험했던 영국의 비운의 탐험가 스콧(Scott) 일행의 캠프인 포인트 헛(Point Hut)과 미국의 남극 맥머드기지 앞바다

르마이어해협에서 패달보트(Padal boat)

르마이어해협의 빙하와 남극탐방객들

르마이어해협의 피터만섬에 있는 남극유람선과 펭귄

무너진 빙벽속의 펭귄과 바라보는 펭귄

피터만섬의 펭귄과 빙하와 유람선 영상

3. 땅에서 본 남극온난화

녹고있는 과학기지 영상

르마이어해협 인근의 녹고있는 녹색 눈밭과 아르헨티나 남극기지 하얀 눈 주변으로 초록색 물감을 풀어 놓은 듯한 「녹색눈밭」이다. 이상 고온으로 식물성 플랑크톤이 번식하여 녹색으로 변하여 남극 생태계도 변하고 있다.

르마이어해협의 영국기지와 무너지려는빙벽

무너지는 빙벽과
영국기지 인근 영상

3. 땅에서 본 남극온난화

러시아노보(Novo)기지 인근에 있는 인도기지와 녹고있는 호수

사우즈조지아섬의 빙하 하천과 펭귄
빙하에서 흘러나온 물이 하천을 이루며 흐른다.
하천주변으로 수십만의 펭귄들이 모여 서식하고 있다.
지구온난화로 파리, 모기 등이 들어와 질병을 일으키면
펭귄들은 치명적일 수 있다.

빙하 하천과 수많은
펭귄 영상

러시아노보(Novo)기지의 녹고 있는 눈과 게스트하우스

사우스조지아 섬의 펭귄 호수 나들이

사우스조지아 섬 산중턱의 펭귄들
마치 산중턱에 「펭귄지도」를 그리듯이 숲이 없는 곳에는 펭귄들로 꽉 차 있다.

사우스조지아 섬의 해안선 펭귄
산정상에서 바라본 해안선에 마치 모래알 같은
수많은 펭귄이다. 그 사이로 몇몇 사람들이 보인다.
「펭귄세계」에 우리 인간들이 침범한 것이다.

3. 땅에서 본 남극온난화

사우스조지아섬 절벽에 매달린 빙하와 펭귄

3. 땅에서 본 남극온난화

피 흘리는 펭귄 영상

목에 혹이 있는 질병에 걸린 안타까운 피흘리는 킹펭귄이다. 지구온난화로 남극에도 파리, 모기 등이 들어오고 각종 질병을 옮기며 바다 미세플라스틱 섭취로 모여사는 사회적 동물인 펭귄에게는 어려운 생존위기에 처할수 있다.

피흘리는 킹펭귄
펭귄의 목덜미에 혹이 있다.
그 혹이 터져서 피투성이가 된것 같다.
남극의 펭귄을 도와주세요!

남극 포세이션섬의 죽은 아기펭귄들

지구온난화로 남극에도 비가와요.
아기 펭귄들은 솜털이어서 물에 젖어서 밤이 되면 추워서 저체온증으로 죽는답니다.

남극편

4. 바다에서 본 남극온난화

펭귄 항공모함 영상

《로스해의 펭귄항공모함

빙하에서 떨어져나온 빙산조각들….
남극 로스해를 수 놓고 있다.
빙산 밑에는 수많은 플랑크톤이 살고 있고 그 플랑크톤을
먹기위해 크릴새우가 모여들고 있다.
크릴새우가 펭귄들의 주 먹이가 된다. 빙산이 사라지면 펭귄의
먹이도 사라진다.
그 빙산 위에 있는 수백마리의 아델리 펭귄들은
펭귄항공모함을 타고 어디론가 여행하고 있다.
그 펭귄항공모함도 지구온난화로 인해 곧 사라질 것이다.
그럼 우리 펭귄들은 어디로 가는지….

로스해(Ross Sea)의 펭귄항공모함

4. 바다에서 본 남극온난화

로스해의 펭귄산(Penguins Mountain).
빙산섬에 수많은 펭귄들이 모여
펭귄숲을 이룬다. 마치, 펭귄산을 만들고
있다. 지구온난화로 빙산이 녹으면
펭귄들은 어디로 갈까?

자남극점(South Magnetic Pole)
인근의 기묘한 빙산

4. 바다에서 본 남극온난화

로스해의 빙산과 펭귄그리고 유람선

로스해의 빙하에서 떨어져나온 수많은 빙산과 펭귄

로스해의 팬케이크 얼음과 빙원

로스해의 녹고있는 빙산과 얼음조각

로스해의 팬케이크 얼음과 빙산과 펭귄

로스해 팬케이크 얼음과
펭귄 영상

로스해의 팬케이크
얼음 영상

로스해의 팬케이크 얼음
남극바다가 얼어붙기전 마치 둥근 팬케이크(Pan Cake) 모양으로 형성되고 있다. 얼음 팬케이크 위에 있는 펭귄들의 발걸음이 불편하겠죠?

4. 바다에서 본 남극온난화

로스해의 빙원과
얼음조각

로스해의 넓은 빙원과 녹고있는 얼음조각
빙하에서 떨어져 나온 로스해(Ross Sea)의 넓은
빙원이다. 미쳐 해빙되지 못한 눈조각이 로스해
바다를 수놓고 있다.
남극 유람선도 넓은 빙원과 많은 빙산을 만나면
전진하지 못하고 우회해야 한다.

4. 바다에서 본 남극온난화

로스해 석양의 불타는 빙산과 아이스엣지(Ice Edge) 그리고 범고래

르마이어해협의 빙산과 빙하를 통과하는 요트

4. 바다에서 본 남극온난화

스노우힐(Snow Hill) 인근의 떨어져나온 얼음과 펭귄
남극대륙과 이어진 웨델해(Weddell Sea) 북쪽 스노우 힐 인근의 얼음바다의 끝인
아이스엣지(Ice edge)이다. 그 녹고 있는 얼음 끝부분에 펭귄들이 먹이 사냥이
용이하여 많이 모여있다.

바다와 바다얼음이
만난 Ice edge 영상

케이프아델리(Cape Adeli)의 빙산과 펭귄

4. 바다에서 본 남극온난화

웨델해의 빙원과 펭귄

로스해의 이태리기지 인근의 녹고있는 빙벽

웨델해의 수많은 얼음 영상

로스해의 녹고있는 빙원과 펭귄

웨델해의 수많은 얼음조각

로스해의 터널빙산과 고무보트

4. 바다에서 본 남극온난화

웨델해 인근의 바다와 헬리콥터 탐방

르마이어해협의 균열된 빙하와 위험한 한마리펭귄

스노우힐 인근에서 얼음 위로 점핑 하는 펭귄-난 높이뛰기 선수

웨델해의 균열된 빙원과 힘들게 건너는 펭귄

4. 바다에서 본 남극온난화

한국 장보고 기지
앞바다 영상

한국의 장보고기지 앞바다
한국의 장보고 과학기지는 남극의 세종기지에 이어 2번째 남극과학기지이다. 세종기지는 남극대륙이 아닌 남극권 섬에 위치해 있지만 장보고기지는 남극대륙(74°37')에 있다. 동남극 빅토리아랜드 테레노바만 연안에 있으며 뉴질랜드에서 남극대륙에 들어올때 최초로 만나게 되는 「남극의 관문」에 있다. 인근에는 세계 최대 황제펭귄 서식지인 케이프워싱턴에 약 6만마리 이상의 황제펭귄이 군집생활하고 있다.

러시아 노보(Novo)기지 인근의 동남극얼음바다 산책

20여m의 빙하고드름과 펭귄

한국의 장보고기지의 앞바다 버섯빙산

5. 남극의 펭귄과 동물 & 사람들

환영합니다!

남극편

5. 남극의 펭귄과 동물 & 사람들

서로 손잡고 사랑해!

5. 남극의 펭귄과 동물 & 사람들

킹펭귄 짝짓기 영상과 훼방꾼

펭귄 훼방꾼, 방해하지마!

킹펭귄의 짝짓기

아기황제펭귄의어깨동무. 우리는 친구야!

저리가라! 우리 아가에게 밥 줘야 한다!

5. 남극의 펭귄과 동물 & 사람들

황제펭귄의 사람구경!

아기황제펭귄! 바깥세상이 궁금하네!

5. 남극의 펭귄과 동물 & 사람들

황제펭귄의
모닝콜 영상

텐트찾아온 황제펭귄의 모닝콜
20여 마리의 황제펭귄들이 캠프촌을 찾아와 아침 잠을 깨운다.
캠프촌 깊숙이 들어와서 여기저기 기웃거리며 호기심있게 바라보곤 한다.

아기검은물개와 하얀물개의 우정!

보트안으로 들어온 아델리펭귄! 누구세요?

아기물개와 펭귄의 만남, 우리집에 왜 왔니!?

드라이밸리에서 수백년 묵은 물개앞에서 필자
드라이밸리의 화성같은 사막에 물개가 있다. 건조한 조건으로 인해 물개는 부패하지 않고 수백년 동안 그 자리에 그대로 누워있다.

드라이밸리와 죽어 있는 물개 영상

코끼리물개의 힘자랑, 누가누가 잘하나!

물개 싸움과 물개해년 영상

5. 남극의 펭귄과 동물 & 사람들

젠투펭귄의 협동! 빨리 올라와!
펭귄 날개를 물어 잡아당기고 있다.

턱끈 펭귄의 키스(Kiss)
얼레리 꼴레리, 쟤들봐!

5. 남극의 펭귄과 동물 & 사람들

로스해의 아이스엣지(Ice Edge)의 숨쉬는 노을빛의 범고래

펭귄과 사람, 호기심 많은 젠투펭귄들이 사람 주변에 모여들고 있다.

5. 남극의 펭귄과 동물 & 사람들

로스해의 아이스엣지(Ice Edge)의 황제펭귄

로스해의 노을과 아이스 엣지의 황제펭귄과 범고래
로스해의 아이스엣지(Ice Edge)에서 황제펭귄들이 천적인 범고래가 무서워 바다 물속으로 들어가지 못하고 지나가길 기다리고 있다.

5. 남극의 펭귄과 동물 & 사람들

아이스엣지(Ice Edge)의 황제펭귄. 범고래가 무서워!

알바트로스와 펭귄은
이웃사촌 영상

알바트로스와 펭귄은 이웃사촌
펭귄도 옛날옛적엔 하늘을 나는 새였다. 이제는 날개가 퇴화되어 날지 못한다. 날개 길이 약 3m인 세상에서 가장 큰 새인 알바트로스와 같은 지역에서 함께 살고 있다. 조금 높은 곳인 알바트로스 둥지에서 "응아!"하면 밑에 있는 펭귄은 "똥세례"를 맞기도 한다.

5. 남극의 펭귄과 동물 & 사람들

긴머리의 젠투펭귄 소녀!

눈이불 덮고있는 황제펭귄

내 맘좀 받아줘요? 숫컷 젠투펭귄이 돌을 물고와 암컷펭귄을 유혹한다.
받아주면, 둥지를 만들고 짝을 이룬다.
젠투펭귄은 돌로 둥지를 만들어 알을 낳고 새끼를 키운다.

까불래? 마치 깡패펭귄 같다.

미끄럼 절벽의 펭귄들
영상

미끄럼 절벽의 펭귄들
약 45도의 급경사 절벽에서 펭귄들이 물속으로 뛰어들고 있다. 물속으로 들어가는 펭귄과 나오는 펭귄이 종종 부딪치기도 한다.

> 북극편

1. 북극 13차 탐방 스토리

《지구상의 마지막 여행지 북극

북극은 북극점이 있는 북극해를 중심으로 미국과 캐나다, 러시아,
그린란드(덴마크), 아이슬란드, 스발바르드(노르웨이), 스웨덴, 핀란드 등
8개국이 있다.

북극점과 8개국 통하여 북극 13차 탐방이 이루어졌다.

북극에는 북극해를 비롯해, 빙산과 빙하, 그리고 북극곰, 바다코끼리 등
생명체가 살고 있다.

그 북극에 지구온난화의 높은 온도로 인하여 북극해와 빙산, 빙하가
녹고, 비가 내리고 있으며 바닷물 수위 상승과 생명체에 심각한 위험이
다가오고 있다.

북극의 13차 탐방을 통하여 북극점을 비롯한 북극의 주요지점을 하늘과
땅 바다를 통하여 탐방하였다.

북극점 인터뷰 영상

북극점에서 필자

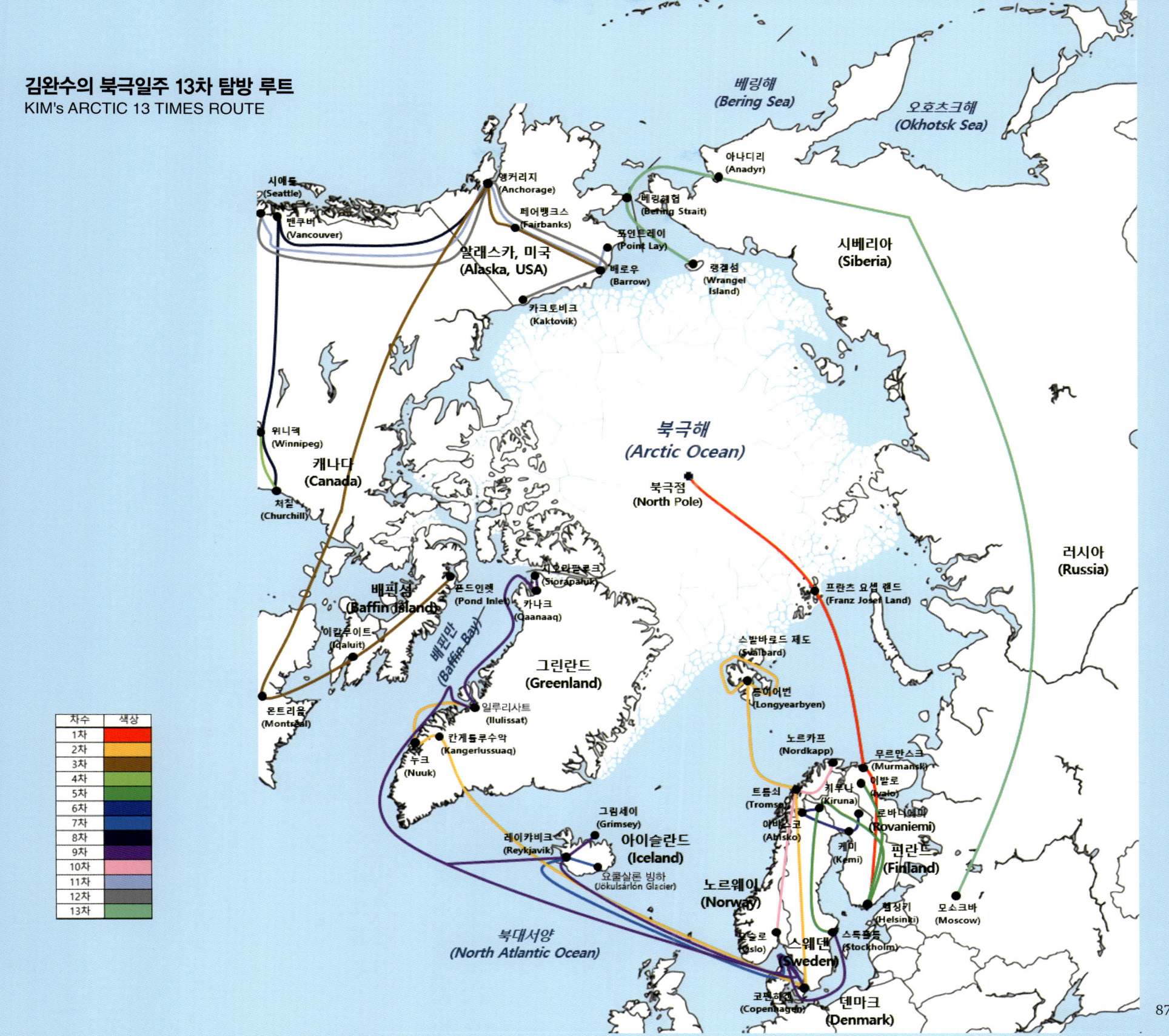

2. 하늘에서 본 북극온난화

그린란드 넓은 빙원 한복판의 에머랄드 호수와 물길
그린란드의 넓은 빙원에도 지구온난화로 비가 내린다. 눈이 아닌 비가 내리면 빙산 녹는
속도에 가속도가 붙어 빙산이 쏟아져 바다로 흘러 내려온다. 바다로 흘러나온 빙하와 뜨거워진
바닷물의 열팽창으로 바닷물의 수위가 가속도가 붙어 빠르게 상승되고 있다.

그린란드 일루리사트의 아이스 피요르드와 지나가는 보트

하늘에서 바라본
아이스피요르드 영상

그린란드 일루리사트의
아이스피요르드

2. 하늘에서 본 북극온난화

그린란드 일루리사트의 야콥스허븐 빙하.
지구온난화로 하루 수십미터씩 무너져 내린다던
야콥스허븐 빙하. 너무 빨리 빙하가 무너져 미처
녹지 않은 상태에서 마치 「눈밭 운동장」처럼 보인다.

2. 하늘에서 본 북극온난화

그린란드의 일루리사트와 빙산

그린란드 일루리사트의 아이스피요르드의 하트빙산. 인간들에게 그린란드 빙산을 보호해 달라고 애원하고 있는듯 하다.

2. 하늘에서 본 북극온난화

그린란드 갈라진 빙하 뒤편엔 드넓은 하얀 빙원이다.

2. 하늘에서 본 북극온난화

알래스카 빙하와 호수

알래스카의 메킨리산의 빙하 위기! 메킨리산 계곡에 채워진 빙하가 지구온난화로 녹아 사라지는 순간이다. 마치 계곡의 흙더미가 쓸려 내려온 듯 빙하의 흔적보다도 흙더미가 더 많다. 알래스카의 빙하 대부분은 지구온난화로 조만간 사라질 위기에 직면해 있다.

알래스카의 메킨리산의 사라진빙하와 빙하호수

알래스카 메킨리산
빙하 영상

알래스카 메킨리산의 산중턱 빙하

2. 하늘에서 본 북극온난화

캐나다 버핀섬의 수많은 빙하와 호수
여러개의 계곡 골짜기 마다 빙하가 흘러 내려오고
그 빙하가 끝에는 빙하마다 작은 빙하호수가 있다.
이곳 버핀섬의 빙하도 곧 사라질 위기에 있다.

메킨리산 정상부근에 남아있는 후퇴한 빙하

2. 하늘에서 본 북극온난화

캐나다 허드슨만에서 해수욕하는 북극곰가족. 영하 10℃에서 살아야할 북극곰이 영상 20℃에 몸살이 나서 가족을 데리고 해수욕을 하고 있다!

캐나다 허드슨만에서 이동하는 북극곰가족

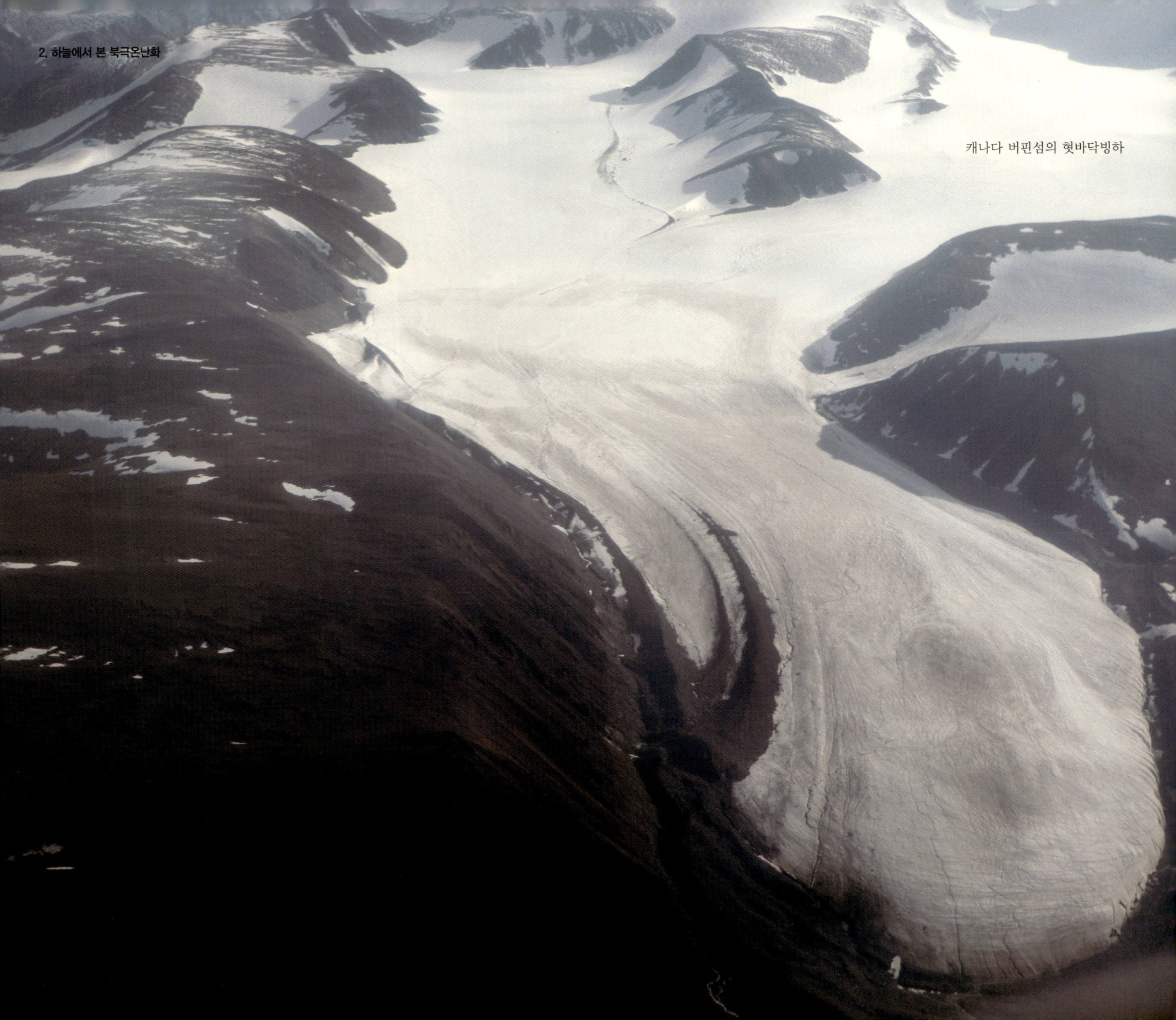

2. 하늘에서 본 북극온난화

캐나다 버핀섬의 헛바닥빙하

북극다도해의 쇄빙선과 테이블마운틴 빙하
북극에도 테이블마운틴(Table Mountain)이 있다. 산 정상이 테이블처럼 평평하게 생겼기 때문이다. 북극점 가는 길목에 있는 북극 다도해인 홀섬(Hall Island)에 있다. 그동안 쌓였던 빙하의 눈 압력에 의해서 오랫동안 눌려져 자연스럽게 평평해진 것이라고 한다.

테이블 마운틴 가는 영상

103

> 북극편

3. 땅에서 본 북극온난화

하늘과 땅, 바다가 온통 황금빛으로 물든 저녁 노을이다.
며칠 후면 이곳 빙산도 계속 흘러가서 없어진다.
지구온난화로 빙하의 다른 빙산이 흘러와 이곳을 채우게 된다.
이곳은 세계자연유산인 일루리사트의 아이스피요르드(Ice Fiord)이다.

그린란드 일루리사트의
아이스피요르드(Ice Fiord) 저녁노을

3. 땅에서 본 북극온난화

그린란드 일루리사트의 아이스 피요르드와 보트

그린란드 일루리사트의 아이스피요르드 빙산과 호텔

땅에서본 아이스 피오르드와 영상

그린란드 일루리사트의 아이스피요르드

3. 땅에서 본 북극온난화

그린란드 까낙의 빙하
일각고래가 이곳 피오르드 빙하 쪽으로 모이는 것은 빙하 밑에 수많은 플랑크톤으로 인해, 많은 물고기들이 모이고 그것을 잡아먹기 위해 일각고래가 모여듭니다.

그린란드 까낙의
피요르드와 빙하 영상

빙하 하천에서
텀벙 영상

스발바르드(노르웨이)의 빙하하천에서 텀벙!

스발바르드(노르웨이)의 기묘한빙하

아이슬란드 요쿨살론 빙하호수

3. 땅에서 본 북극온난화

아이슬란드 요쿨살론 빙하와 호수

푸른들판의 아이슬란드의 빙하

아이슬란드의 검은 빙하폭포 트래킹
아이슬란드는 화산폭발이 빈번한 곳이다. 검은 화산재의
영향으로 빙하가 검은 옷을 입고 있다. 검은 빙하에서
녹아 흐르는 폭포. 지구온난화로 인한 「빙하의 눈물」이다.

검은 빙하 폭포 영상

3. 땅에서 본 북극온난화

스발바르드(노르웨이)빙하와 자연경관

3. 땅에서 본 북극온난화

아이슬란드 검은빙하와
호수 영상

아이슬란드 검은빙하와 호수

아이슬란드 검은빙하와 호수

아이슬란드의 노란 이끼와 검은빙하와 호수

아이슬란드 빙하와 넓은 빙하하천

빙하와 빙하하천 영상

북극 다도해인 프란츠 요셉랜드의 러시아 북극연구소-눈이녹아 마치 못자리판 같다.

북극 다도해인 프란츠 요셉랜드의 러시아 북극연구소-녹아내린 연못

3. 땅에서 본 북극온난화

북극의 다도해인 프란츠 요셉랜드의 녹지대와 러시아북극연구소

북극 녹지대 영상

세계 최대 알래스카 육지빙하인
마타누스카(Matanuska Glacier) 빙하와 사람들

알래스카 육지빙하
트래킹 영상

3. 땅에서 본 북극온난화

알래스카 육지빙하가 녹아 빙하하천을 이룬다.

세계 최대 알래스카의 마타누스카 육지빙하와 호수

알래스카 마타누스카
육지 빙하영상

알래스카 육지빙하
트래킹 영상

세계 최대 마타누스카 육지빙하 트래킹하는 사람들

마타누스카
육지빙하의 해빙된
영상

알래스카 육지빙하가 녹고있다.

3. 땅에서 본 북극온난화

북극해 다도해인 프란츠 요셉랜드의 빙하와 유람선

테이블 마운틴
정상 영상

러시아 프란츠 요셉랜드 테이블마운틴 정상에서 본 경치

시베리아 툰드라의 맘모스 뼈와 지구온난화.
지구온난화로 시베리아 툰드라의 동토층이 녹아내리고 있다.
그 동토층에 있던 수천년전의 맘모스뼈가 드러나고 있고, 숨어있던
탄저균이 나와 수많은 동물의 죽기도 한다. 땅이 녹으면서
메탄가스가 대기 속으로 나와 지구온난화가 가속 되고 있다.

3. 땅에서 본 북극온난화

러시아 랭겔섬(Wrangel Island)의 배고픈 북극곰이 건물에 다가와 쓰레기를 뒤지고, 집을 지키고 있다. 마치 개가 집 지키는 것처럼….

아이슬란드 요쿨살론 빙하호수와 유람선

빙하보트 타고
호수탐방 영상

후퇴하는 스발바르드(노르웨이)빙하와 유람선

3. 땅에서 본 북극온난화

스발바르드(노르웨이)의 흙더미빙하
지구온난화로 얼어붙었던 산의 토사가
해빙되면서 빙하로 쏟아져 내려와 흙을
뒤집어 쓴 「흙더미 빙하」이다.

3. 땅에서 본 북극온난화

캐나다 처칠의 북극곰이 너무더워 몸을 식히고 있다. 지구온난화로 모기가 너무 많아 힘든 모습이다.

캐나다 처칠의 무더운 숲속의 북극곰—누구냐?

127

북극편

4. 바다에서 본 북극온난화

여름 북극점의 온도가 6~7℃이다.

여기저기 녹아서 모자이크 얼음바다로 얼룩지고 있다.

약 2m 두께의 북극점의 얼음바다.

1979년 9월 인공위성 탐사를 처음 시작할때의 북극 얼음 바다 면적이 약 750만㎢였으나 2020년에는 약 50%가 줄어든 약 374만㎢라고 한다.

1년에 남한면적(약 10만㎢)만큼 없어지는 것이다.

과거 수천년의 역사보다도 최근 40여년의 역사가 지구온난화로 인해 급속히 북극 얼음바다가 해빙된 것이다.

앞으로 지구온난화의 가속도가 붙는다면 20~30년 후면 북극 얼음바다는 영영 사라지게 될것이다.

쇄빙선에서 본 북극점 얼음바다

4. 바다에서 본 북극온난화

녹고있는 모자이크 북극점 얼음바다와 쇄빙선

녹고있는 북극점얼음바다
북극 얼음 바다가 없어진다면 어떻게 될까?
「지구의 냉장고」라고 불리는 북극얼음바다는 그동안 햇빛을
반사하고, 찬공기로 대기를 안정시키며 지구의 온도를 조절하고
있었다. 그런데 북극얼음바다가 없어지면 태양빛을 흡수해
뜨거운 바닷물이 팽창하여 바닷물이 수위상승하게 되며
수증기증발로 폭풍, 폭우 등 변화무쌍한 이상기온현상이 온다.

녹고있는 북극점
얼음바다

4. 바다에서 본 북극온난화

녹고있는 북극 얼음바다

러시아의 프란츠 요셉랜드의 녹아 흐르는 빙하의 눈물

북극점 얼음바다에서 북극점도착 파티

녹고있는 북극점 얼음바다 영상

북극점 얼음바다에서 태극기 휘날리는 영상

북극 얼음바다의
북극곰 영상

북위89도 얼음바다에서 만난 북극곰

4. 바다에서 본 북극온난화

사랑마크 북극점! 사랑해주세요, 북극 얼음바다를….

그린란드 카낙 인근의
메마른 빙하

일루리사트 아이스 피요르드
영상

그린란드 일루리사트의 아이스
피요르드를 운항하는 어선

4. 바다에서 본 북극온난화

러시아 프란츠 요셉랜드의 빙하폭포. 빙하가 지구온난화로 너무 빠르게 녹고 있다. 저 쏟아지는 폭포처럼….

그린란드 누크 인근의 빙하폭포

4. 바다에서 본 북극온난화

그린란드 일루리사트의 빙하속 얼음이박혀있는 아이스피요르드

석양의 그린란드
아이스 피요르드 영상

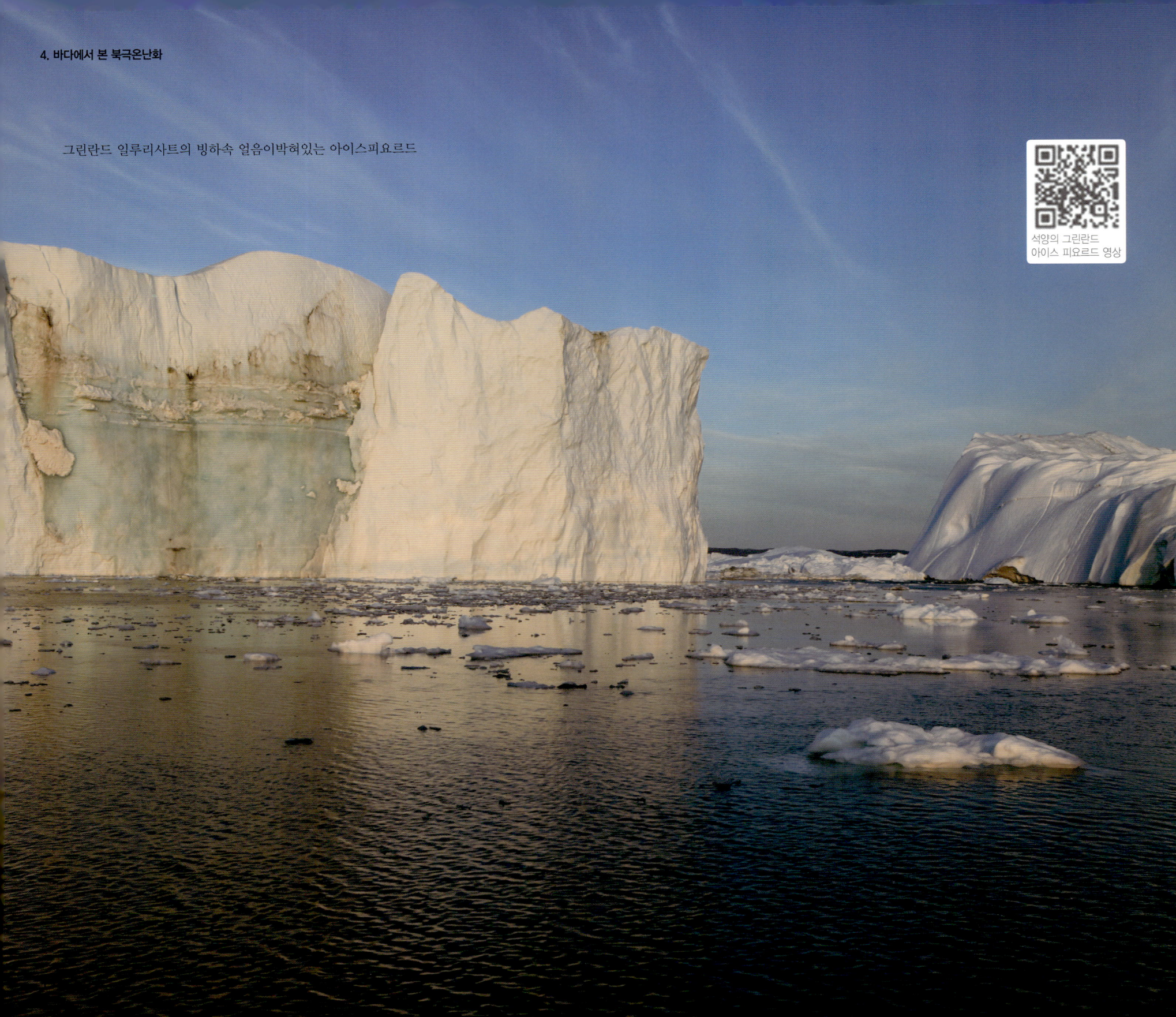

그린란드 누크 인근의 빙하 조각들

누크인근의 빙하 영상

4. 바다에서 본 북극온난화

녹고있는 스발바르드 (노르웨이)의 얼음바다

녹고있는 스발바르드
얼음바다 영상

그린란드 카낙 인근의 넓은 빙원에서 내려오는 빙하와 아치형빙산

4. 바다에서 본 북극온난화

바다에서본 알래스카 빙하 영상

바다 빙하 중 가장 거대한 빙하인 알래스카의 컬럼비아 빙하

고래뼈와 배고픈 알래스카 북극곰 영상

알래스카 카크토비크의 배고픈 북극곰과 고래뼈

4. 바다에서 본 북극온난화

러시아북극바다 얼음조각위 수십마리의 바다코끼리

러시아 북극 얼음바다, 북극곰이 물에 빠졌네!

녹고있는 스발바르드(노르웨이) 얼음바다-북극곰은 어디로?

러시아 북극 얼음바다, 날아라 북극곰!

4. 바다에서 본 북극온난화

북극 얼음바다의
북극곰가족 영상

러시아 북극얼음바다. 북극곰가족, 우리어때?

북극편

5. 북극의 북극곰과 동물 & 사람들

다가온 카크토비크의
최근접 북극곰

알래스카의 배고픈북극곰
야생의 북극곰은 위험해서 수백 미터 멀리서 바라봐야 한다.
그러나 바다에서 보트를 타고 지켜보니 배고픈 북극곰이
보트에 다가온다. 북극곰의 숨소리가 들리는것 같다.

북극곰의 통나무베개, 너무 졸리네!

5. 북극의 북극곰과 동물 & 사람들

그린란드 까낙 인근에서 일각고래를 끌고온 이누이트사냥꾼들

이동하는 일각고래 영상

5. 북극의 북극곰과 동물 & 사람들

세상의끝, 그린란드 평온한 까낙마을의 북극꽃

순록을 건조시키는 알래스카의 에스키모마을

강남스타일 하는 알레스카 에스키모 어린이들

에스키모 어린이들 영상

보트로 달려오는 벨루가 무리 영상

캐나다 허드슨만에서 벨루가와 함께 카야킹한다. 벨루가 떼가 몰려와 고무보트 주위를 맴돌기도 한다.

5. 북극의 북극곰과 동물 & 사람들

알래스카의 북극곰! 잠자고 싶네!

알래스카의 배고픈 북극곰. 나무라도 먹고 싶나보네!
북극곰은 지구온난화로 인한 바다해빙으로 물개를 사냥하지 못하여
배고프다. 마을 주변으로 내려와 쓰레기를 뒤지거나 기웃거리기도 하여
마을주민들이 위험하다.

아프리카 킬리만자로편

1. 평지에서 본 킬리만자로 빙하

아프리카의 최고봉인 킬리만자로(5895m)는 적도 부근의 탄자니아에 있으며, 정상에는 빙하가 있는것이 특징이다. 그러나 지구온난화로 빙하가 계속 녹고 있어서 앞으로 약 20-30년 후에는 빙하가 완전히 없어진다고 한다.

킬리만자로의 빙하와 고산분지 나무숲

1. 평지에서 본 킬리만자로 빙하

킬리만자로 빙하와 정상가는길!

킬리만자로의 빙하와 천막촌

아프리카 킬리만자로편

2. 정상(5895M)에서 본 킬리만자로 빙하

길먼스 포인트(5681m)는 킬리만자로의 정상 가는 능선에 있다.
능선에 오르면 아침 일출을 볼 수 있다.
이곳에서 정상까지 표고 약 200m 차이가 있으나 고산지대라 산소가
희박해 힘이든다. 능선을 따라 빙하가 있으며 약 2시간 정도 오르면 정산인
우흐르파크(5895m)가 나온다.

암보셀리국립공원에서 본 킬리만자로 북쪽빙하

길먼스포인트(5681m)에서 본 킬리만자로의 빙하

2. 정상(5895M)에서 본 킬리만자로 빙하

정상에서 본 분화구빙하

정상에서본 능선의 킬리만자로 빙하

킬리만자로의 정상 빙하에서 고드름이열린다.

2. 정상(5895M)에서 본 킬리만자로 빙하

정상의 정면에서 본 킬리만자로 빙하

남미 파타고니아편

1. 아르헨티나 모레노 빙하

아르헨티나의 모레노 빙하(Moreno Glacier)는 파타고니아 대륙 빙하에서 떨어져 나왔고 보통 빙하가 형성되는 2500미터 고도에 비하여 모레노 빙하는 해발 고도는 1500미터에 불과하다.

저지대에서 빙하가 만들어질 수 있었던 것은 남극에 가까운 위도 때문이며, 지금의 속도로 지구온난화가 계속되면 반세기가 지나기 전에 파타고니아 빙하는 완전히 사라질 것이다.

아르헨티나의 쏟아져 내려온 모레노빙하

1. 아르헨티나 모레노 빙하

아르헨티나의 모레노빙하와 빙하전망대

좌측편의 무너진 모네노 빙하

쏟아져내려온 모레노 빙하

아르헨티나 모레노빙하 전경

남미 파타고니아편(칠레)

2. 칠레 빙하

파타고니아 칠레의 3군데의 계곡에서 흘러나온 빙하가 내려와 만나는 특이한 곳이다.

빙하 유람선을 타고 관광하는 곳으로 이곳은 지구온난화로 반세기 이전에 빙하가 완전히 사라질 수 있는 곳이다.

3곳계곡에서 흘러내린 빙하와 유람선

2. 칠레 빙하

Vespigniani빙하호수 전경

칠레의 계곡속 Vespigniani빙하

2. 칠레 빙하

칠레의 능선넘어 흐르는 멈춰 선듯한 빙하

흘러내려오는 빙하와 피요르드

태평양 가라 앉는 섬 투발루편

하늘과 땅, 바다에서 바라본 투발루

투발루는 호주에서 약 4000km 떨어진 태평양의 섬나라이다.
국토의 평균 해발고도는 2m 정도 이고 지구온난화로 인해 해수면 상승으로
고통받는 대표적인 곳이다.
투발루의 연평균 해수면 상승율은 약 3.9m/m로 지구평균 약 2배이다.
투발루의 수도 푸나푸티의 공항은 해발 4m로 투발루에서 가장 높은 지대에 있다.
만조 때에는 공항까지 물에 잠긴다. 해수면 상승분까지 더한다면 앞으로 투발루
사람들은 살수 없게 된다.

물에 가라앉는 투발루섬

하늘과 땅, 바다에서 바라본 투발루

투발루의 어린이들- 침수된 집에서
무슨생각을 하고있을까?

침수된 투발루의 가옥

투발루의 드럼통 방파제
태평양의 파고를 넘을수있을까?

좁은땅 투발루의 어린이들-무덤지붕이 놀이터!
투발루는 바다 수위상승으로 계속 국토가 수몰되고 있다.
국토가 좁고 침수되어서, 농사를 짓지 못하며 사람이 죽으면
집처마 밑이나 앞마당에 묻기도 한다. 그 무덤이 어린이들의
놀이터이기도 하다. 때묻지 않은 투발루 어린이들, 앞으로 투발루
어린이들은 어디로 가려는지….

하늘과 땅, 바다에서 바라본 투발루

투발루 해변의 쓰레기

투발루의 빗물탱크와 침수된 연못

하늘에서 본 투발루

하늘과 땅, 바다에서 바라본 투발루

투발루 해변의 돌무더기 방파제

투발루 푸나푸티의 보호구역 약도

> 한국 제주도편

용머리해안

"제주도 바닷물 수위 상승, 세계 평균의 약 3배"

세계 평균 해수면 상승폭은 연간 1.8 m/m

제주도의 해수면 상승은 연평균 6.1 m/m로 약 3배 정도 높다.

제주지역의 해수면이 높아진 이유는 「지구온난화」로 인한 「수위상승」에 있다.

「제주 용머리해안」은 30여년 전에는 24시간 수시로 산책 하였으나

현재는 물이 빠지는 13:30 ~ 16:30까지만 산책이 가능하다.

지구온난화로 바닷물 수위가 상승하여, 밀물 때 수위상승분이 합쳐서 들어와

산책로가 물에 잠겨 산책할 수 없게 된 것이다.

물에 잠긴 용머리해안

용머리해안 산책
영상

산책하는 용머리해안

한국 제주도편

용머리해안에서 바라본 산방산과 하멜표류선

용머리해안 산책시간 안내판

물빠진 용머리해안 산책길

물빠진 용머리해안

물빠진 용머리해안
절벽산책길

한국 제주도편

지구온난화 마지노선, 지구온도 1.5℃ 상승폭 억제

지구온도 1.5℃상승은 우리 몸의 온도가 1.5℃ 오른것과 비슷하다.
몸의 온도가 1.5℃ 오르면 고열로 몸살을 앓게 된다.
지구 온도도 마찬가지 일 것이다.
지구 온도가 1.5℃ 오르면 심각한 기후변화가 일어나 빙하와 빙산의 대규모 해빙은 물론
극심한 폭염과 폭우, 가뭄, 바닷물 수위상승 등 변화무쌍한 기후위기에 시달리게 된다.
지구온난화의 마지노선 1.5℃ 상승을 억제해야 한다.

「하나뿐인 지구」에 우리 함께 살고 있으니….

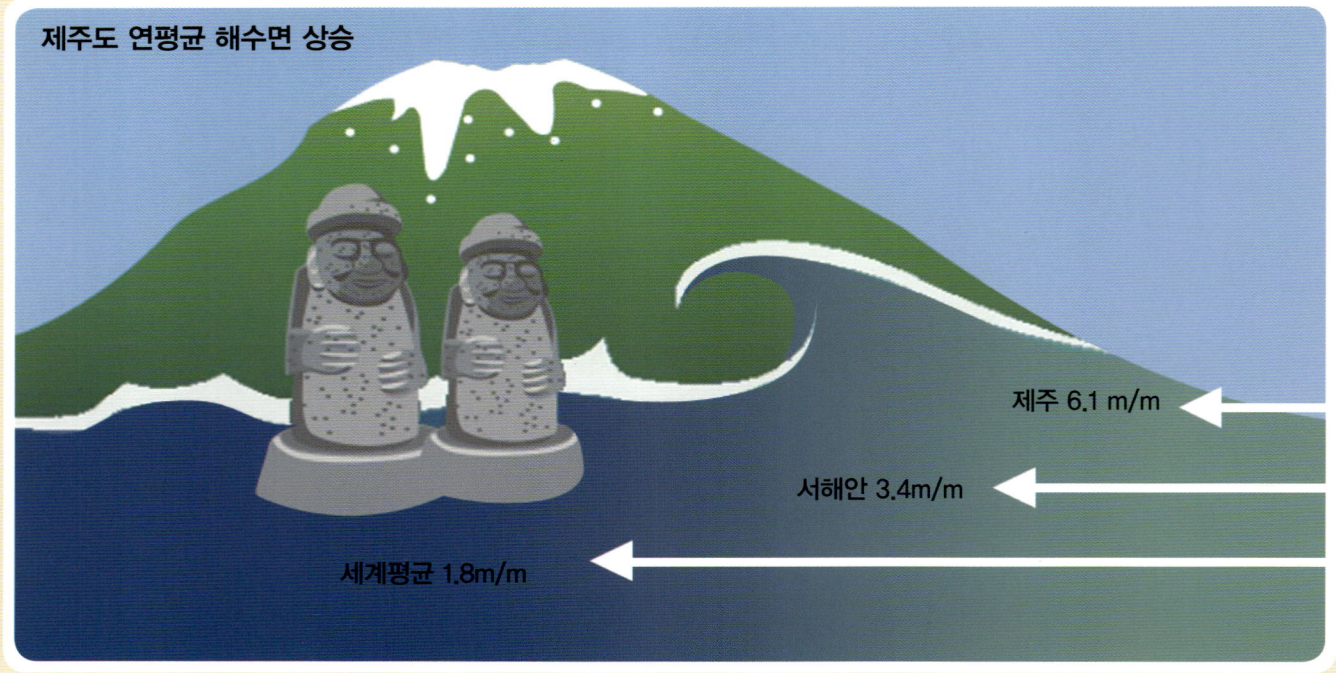

제주 용머리해안 기후변화 홍보관 제공

지구온난화와 해수면 상승
Global Warming & Sea Level Rising

이산화탄소의 발생을 억제하지 않을 경우 지구온난화로 해수면 상승이 가속화되어 800년 후 세계 주요도시가 물속으로 사라지는 비극이 초래될 수 있다.

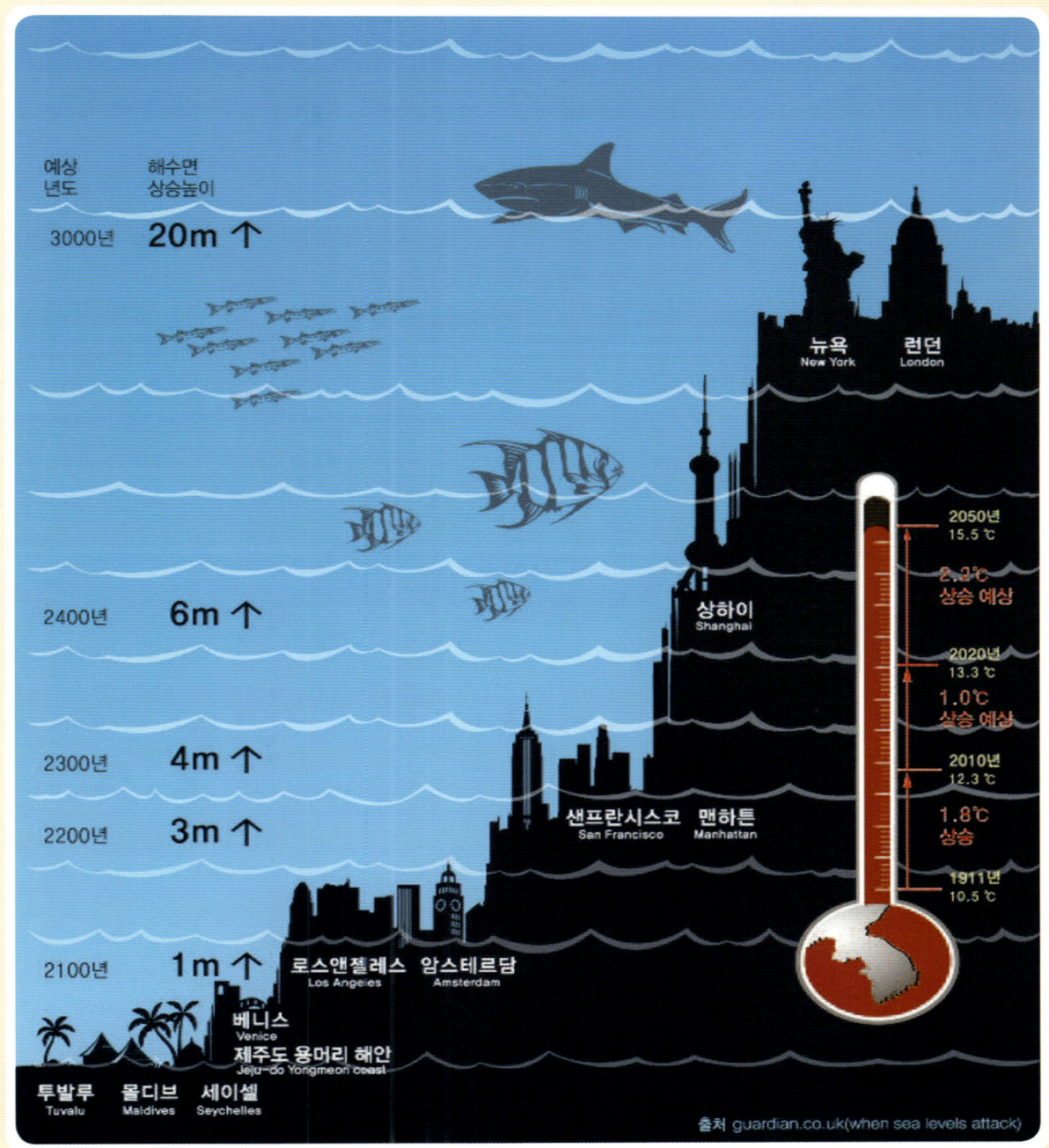